《我当建筑工人》丛书

# 漫话我当混凝土工

本社 编

中国建筑工业出版社

图书在版编目（CIP）数据

漫话我当混凝土工 / 中国建筑工业出版社编.—北京：中国建筑工业出版社，2010
（《我当建筑工人》丛书）
ISBN 978-7-112-12372-8

Ⅰ.①漫… Ⅱ.①中… Ⅲ.①混凝土施工－图解 Ⅳ.①TU755-64

中国版本图书馆CIP数据核字（2010）第163286号

《我当建筑工人》丛书
## 漫话我当混凝土工
本社　编

\*

中国建筑工业出版社出版、发行（北京西郊百万庄）
各地新华书店、建筑书店经销
北京风采怡然图文设计制版公司制版
北京建筑工业印刷厂印刷

\*

开本：787×1092毫米　1/32　印张：$3\frac{3}{8}$　字数：97千字
2010年10月第一版　　2010年10月第一次印刷
定价：**10.00**元
ISBN 978-7-112-12372-8
（19639）
**版权所有　翻印必究**
如有印装质量问题，可寄本社退换
（邮政编码 100037）

# 内 容 提 要

漫话《我当建筑工人》丛书,是专门为培训农民工编写绘制,是一套用漫画的形式解说建筑施工技术的基础知识和技能的图书;是一套以图为主、图文并茂的建筑施工技术图解式图书;是一套农民工学习建筑施工技术的入门图书;是一套通俗易懂,简明易学的口袋式图书。

农民工通过阅读丛书,努力学习并勤于实践,既可以由表及里,培养学习建筑施工技术的兴趣,又可以由浅入深,深入学习建筑技术和知识,熟练掌握相应工种的基本技能,成为一名合格的建筑技术工人。

《漫话我当混凝土工》介绍了混凝土工的基础知识和基本技法,农民工通过学习本书,了解混凝土工的安全须知,学会混凝土工的入门技术,掌握混凝土工的基本技能,为当好混凝土工奠定扎实的基础。

本书读者对象主要为初中文化水平的农民工,也可以供建筑技术的培训机构作为培训初级建筑工人的入门教材。

**责任编辑:曲汝铎**
**责任设计:李志立**
**责任校对:王雪竹　陈晶晶**

# 编 者 的 话

经过几年策划、编写和绘制,终于将《我当建筑工人》这套小丛书奉献给读者。

一、编写的意义和目的

为贯彻党中央、国务院在《关于做好农业和农村工作的意见》中"各地和有关部门要加强对农民工的职业技能培训,提高农民工的素质和就业能力"明确要求,为配合住宅和城乡建设部的建设职业技能培训和鉴定的中心工作;为搞好建筑工人,尤其是农民工的培训,将千百万农民工培养成为合格的建筑工人。为此,我们在广泛调查研究的基础上,结合农民工的文化程度和工作生活的实际情况,征询了广大农民建筑工人的意见,了解到采用漫画图书的形式,讲解建筑初级工的知识和技法,比较适合农民工学习和阅读。故此,我们专门组织相关的人员编写和绘制这套漫画类的培训图书。

编写好本丛书目的,是使文化基础知识较少的农民工,通过自学和培训,学会建筑初级工的基本知识,掌握建筑初级工的基本技能,具备建筑初级工的基本素质。

提高以农民工为主体的建筑工人的职业素质,不仅是保证建筑产品质量、生产安全和行业发展问题,而且是一项具有全局性、战略性的工作。

二、编写的依据和内容

根据住房和城乡建设部《建设职工岗位培训初级工大纲》要求,本丛书以图为主,如同连环画一样,将大纲要求的内容,通过生动的图形表现出来。每个工种按初级工应知应会的要求,阐述了责任和义务,强调了安全注意事项,讲解了工种所必须掌握的基础知识和技能技法。让农民工人一看就懂，一看就明，一看就会，容易理解，易于掌握。

考虑到农民工的工作和生活条件，本丛书力求编成一套口袋式图书，既有趣味性和知识性，又有实用性和针对性；既要图文并茂、画面生动，又要动作准确、操作规范。农民工随身携带，在工作期间、休息之余，能插空阅读，边看边学，学会就用。

第一次编写完成的图书有《漫话我当抹灰工》、《漫话我当油漆工》、《漫话我当建筑木工》、《漫话我当混凝土工》、《漫话我当砌筑工》、《漫话我当架子工》、《漫话我当建筑电工》、《漫话我当钢筋工》和《漫话我当水暖工》。其他工种将根据农民工的需要另行编写。

三、编写的原则和方法

首先，从实际出发，要符合大多数农民工的实际情况。第五次全国人口普查资料显示，农村劳动力的平均受教育年限为7.33年，相当于初中一年级的文化程度。因此，我们把读者对象的文化要求定位为初中文化水平。

其次，突出重点，把握大纲的要求和精髓。抓住重点，做到画龙点睛、提纲挈领，使读者在最短的时间内，以不高的文化水准，就能理解初级工的技术要求。

第三，尽量采用简明通俗的语言，解释建筑施工的专业词汇，尽量避免使用晦涩难懂的技术术语。

最后，投入相当多的人力、物力和财力编写和绘制，对初级工的要求和应知应会，通过不多的文字和百余幅图，尽可能简明、清晰地表述。

1. 在大量调研的基础上，了解农民工的文化水平，了解农民工的学习要求，了解农民工的经济能力和阅读习惯，然后聘请将理论和实践相结合的专家，聘请与农民工朝夕相处、息息相关的技术人员编写图书的文字脚本。

2. 聘请职业技术能手，根据脚本来完成实际操作，将分解动作拍摄成照片，作为绘画参考。

3. 图画的制作人员依据文字和照片，完成图画，再请脚本撰写者和职业技术能手审稿，反复修改，最终完成定稿。

四、编写的方法和尺度

目前,职业技术培训存在着教学内容、考核大纲、测试考题与现实生产情况不完全适应的问题,而职业技术培训的教材多是学校老师所编写。由于客观条件和主观意识所限,这些教材大多类同于普通的中等教育教材,文字太多、内容偏深、图画太少。对农民工这一读者群体针对性不强,使平均只有初中一年级文化程度的农民工很难看懂,不适合他们学习使用。因此,我们在编写此书时,注意了如下要点:

1. 本丛书表述的内容,注重基础知识和技法,而并非最新技术和最新工艺。本丛书培训的对象是入门级的初级工,讲解传统工艺和基本做法,让他们掌握基础知识和技法,达到入门的要求,再逐步学习新技术和新工艺。

2. 本丛书编写中注意与实际结合,例如,现代建筑木工的工作,主要是支护模板,而非传统的木工操作,但考虑到全国各地区的技术和生产差异较大,使农民工既能了解模板支护方面的知识和技能,又能掌握传统木工的知识和做法。故此,本丛书保留了木工的基础知识和技法。另如,《漫话我当架子工》中,考虑到全国各地的经济不平衡性和地区使用材料的差异,仍然保留了竹木脚手架的搭设技法和知识。

3. 由于经济发展和技术发展的进度不同,发达地区和欠发达地区在技术、材料和机具的使用方面有很大的差异,考虑到经济的基础条件,考虑到基础知识的讲解,本丛书仍保留技术性能比较简单的机具和工具,而并非全是新技术和新机具。

五、最后的话

用漫画的形式表现建筑施工技术的内容是一种尝试,用漫画来具体表现操作技法,难度较大。一般说,建筑技术人员没有经过长期和专业的美术培训,难于用漫画准确地表现技术内容和操作动作;而美术人员对建筑技术生疏,尽管依据文字和图片画出的图稿,也很难准确地表达技术操作的要点。所以,要将美术表现和建筑技术有机地结合起来，圆满、准确地表达技术内容，难度更大。为此，建筑技术人员与绘画人员经过反复磨合和磋商，力图将图中操作人员的手指、劳动的姿态、运动的方向和力的表现尺度，尽量用图画准确表现，为此他们付出了辛勤的劳动。

尽管如此，由于本丛书是一种新的尝试，缺少经验可以借鉴。同时，限于作者的水平和条件，本书所表现的技术内容和操作技法还不很完善，也可能存在一些的瑕疵，故恳请读者，特别是农民工朋友给予批评和指正，以便在本丛书再版时，予以补充和修正。

本丛书在编写过程中得到山东省新建集团公司、河北省第四建筑工程公司、河北省第二建筑工程公司，以及诸多专家、技术人员和农民工朋友的支持和帮助，在此，一并表示衷心的感谢。

# 《我当建筑工人》丛书编写人员名单

主　　编：曲汝铎
编写人员：史日景　　王英顺　　高任清　　耿贺明
　　　　　周　滨　　王彦彬　　侯永忠　　史大林
　　　　　陆晓英　　张永芳　　蔡平伯　　吕剑波
　　　　　张彦池

漫画创作：风采怡然漫画工作室
艺术总监：王　峰
漫画绘制：王　峰　张永欣　姚　星　田　宇　公　元
版式制作：王文静

# 目 录

一、基本概述……………………………………… 1
二、安全生产和文明施工………………………… 3
三、混凝土工的安全须知………………………… 11
四、混凝土的基础知识…………………………… 25
五、常用的施工机具……………………………… 32
六、混凝土施工过程……………………………… 40
七、混凝土基础及有关施工技术………………… 68
八、其他施工技术………………………………… 74

# 一、基本概述

**1. 什么是混凝土**

由水泥、砂子、石子等加水（有时还加外加剂）按一定比例配合，经搅拌混合均匀后，振捣成型，经过一段时间养护，使之逐渐硬化而形成的人造石。

**2. 什么是混凝土工**

使用手工工具或机械设备，按规定的比例将水泥、砂子、石子加水等拌合好后，浇筑成各种规格的建筑梁、柱、板，以及屋面、地面等工程的操作工人。

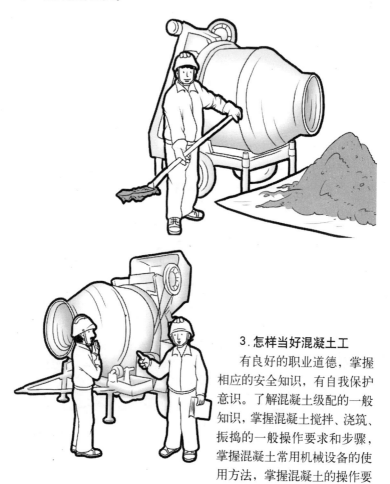

**3. 怎样当好混凝土工**

有良好的职业道德，掌握相应的安全知识，有自我保护意识。了解混凝土级配的一般知识，掌握混凝土搅拌、浇筑、振捣的一般操作要求和步骤，掌握混凝土常用机械设备的使用方法，掌握混凝土的操作要点和养护方法。

# 二、安全生产和文明施工

1. 安全施工的基本要求

（1）进入施工现场，禁止穿背心、短裤、拖鞋，必须戴好安全帽，穿胶底鞋或绝缘鞋。

（2）现场操作前，必须检查安全防护措施要齐备，必须达到安全生产的需要。

（3）高空作业不准向上或向下乱抛工具、材料等物品。防止架子上和高梯上的工具、材料等物品落下伤人；防止地面堆放管材滚动伤人。

（4）交叉作业，要特别注意安全。

（5）施工现场应按规定地点动火作业，备置消防器材并设专人看管火源。

（6）各类机械设备要有安全防护装置，要按操作规程操作，应对机械设备经常检查保养。

(7) 吊装区域禁止非操作人员进入,吊装设备必须完好,严禁吊臂、吊装物下站人。

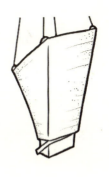

(8) 夜间在暗沟、槽、井内作业,要有足够照明设施和通气孔口,行灯照明要有防护罩,要使用36V以下安全电压,金属容器内的照明电压应为12V。

## 2.生产工人的安全责任

（1）认真学习、严格执行安全技术操作规程，自觉遵守安全生产规章制度。

（2）积极参加安全活动，认真执行安全交底，服从安全员的指导，不违章作业。

（3）发扬团结互助精神,互相提醒、互相监督,安全操作,对新工人传授安全生产知识,要正确使用和维护安全设施和防护用具。

（4）发生伤亡和安全事故,要保护好现场,立刻上报。

### 3.安全事故易发点

(1) 雷电及下雨时,施工现场易发生电击、淹溺、坍塌、坠落、触电等安全事故,酷热天气露天作业易发生中暑,室内或金属容器内作业,易造成昏晕及休克。要小心谨慎。

(2) 工程竣工收尾阶段易发生事故,高空作业易发生坠落,深坑作业易发生坍塌,夜间施工,后半夜比前半夜易发生事故。

(3)节假日,探亲假前后思想波动大,易发生事故,小工程和修补工程易发生事故。

(4)新工人安全技术意识淡薄,好奇心强,往往忽视安全生产,易发生事故。

### 4.文明施工

(1)施工现场要保持清洁,材料堆放整齐有序,无积水,要及时清运建筑和生活垃圾。

（2）施工现场严禁大小便，施工区、生活区划分明确。
（3）生活区内无污水，宿舍内外整洁、干净，通风良好，不乱扔杂物，乱倒垃圾。

（4）施工现场厕所要有专人负责清扫，并有灭蚊、灭蝇、灭蛆措施，粪池必须加盖。

（5）严格遵守各项管理制度，不野蛮施工，及时回收零散材料，爱护公物。

（6）夜间施工严格控制噪声，做到不扰民。沟、槽开挖作业时，尽量不影响交通。

# 三、混凝土工的安全须知

1. **基础混凝土的浇筑**

(1) 浇筑前应检查基坑边坡有无塌方的危险;浇筑过程中基坑上口四周严禁堆放材料、设备。

（2）混凝土搅拌机料斗升起时，操作人员严禁在其下方工作或穿行；进料时不要将头、手伸入料斗与机架之间察看或探摸进料情况。

（3）混凝土搅拌机运转时，切勿将手或工具等伸入搅拌筒内向外扒料。

（4）手推车向基槽内倒料时，应附设挡车横木，防止手推车掉下伤人。

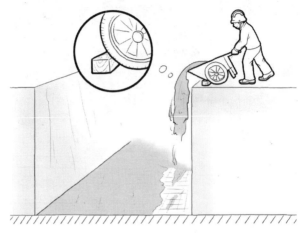

（5）使用振动器必须有漏电保护装置；操作人员应戴绝缘手套，脚穿绝缘鞋；湿手不得接触电器开关；电源线不得有破皮。

（6）基坑浇筑完毕后，应在基坑四周设置临时护栏，夜间应设置红色警示灯，以防行人坠落。

2. 墙、柱混凝土浇筑

（1）在浇筑混凝土时，应搭设脚手架，并应设置护栏，操作人员不得站在模板或支撑上，以防高空坠落，造成人身伤亡。

（2）采用串筒浇筑混凝土时，串筒节连接必须牢固。

（3）如采用料斗吊运混凝土，在靠近下料位置时，吊斗速度应减慢运转；在没有满铺平台时，防止在护栏处挤伤人。

（4）采用井架等设备垂直运输混凝土时，应检查过桥、通道是否牢固；提升时，小车把不能露出吊笼外，车轮前后要挡牢，平台上工作人员不准向井架内探头，以防机械伤人。

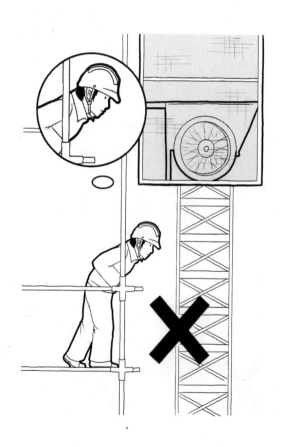

（5）遇有强风和大雾等恶劣天气时，应停止施工。

（6）使用输送泵浇筑混凝土，当管道发生堵塞，施工人员不要站在输送管正前方检查、处理，防止被高压管内高速喷出的混凝土击伤。

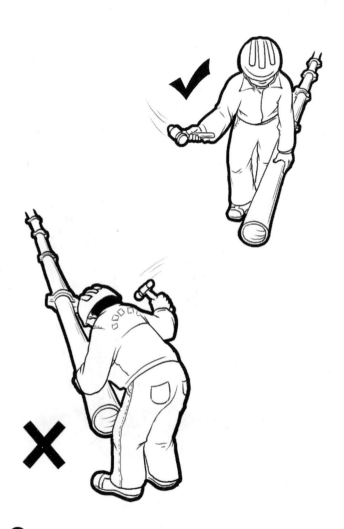

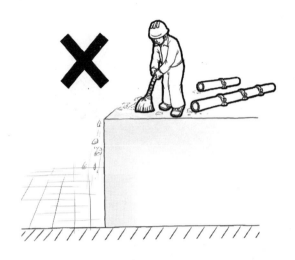

（7）使用输送泵浇筑混凝土施工完毕后，清洗混凝土输送管时，施工操作人员不要站在输送管正前方，防止被管内高速喷出的皮塞击伤。

（8）浇水养护时，应注意楼面的障碍物和孔洞，拉移浇水用的皮管时，不得倒退行走，以防跌倒坠落。

### 3.设备的安全检查
要经常检查振捣器、电机等设备是否有漏电情况。

### 4.足够的照明设备

夜间施工必须有足够的照明设备,以防出现质量和安全事故;主要运输道路要有足够的照明,运输道路转弯处尤其要有足够的照明。

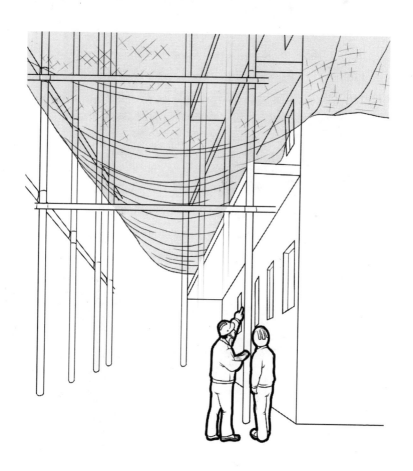

### 5. 设置安全防护

进场人员要戴好安全帽，现场要架设防护栏和安全网。

**6.检查搅拌机**

（1）搅拌机使用前，应检查搅拌机各部分润滑情况及油嘴是否畅通，并加注润滑油脂。

（2）水泵内应加足引水，电线接头必须牢固、安全，并应接地。

（3）开机前，应检查传动系统运转是否正常，制动器性能应灵活，钢丝绳如果有松散或断丝，应及时收紧或更换。

（4）停机前，应向滚筒内倒入一定量的石子和清水，利用搅拌筒的旋转将筒内清洗干净，并放出石子和水；停机后，设备各部分应清理干净，进料斗平放到底，操作手柄置于脱开位置。

（5）冬期施工时，停机前应将配水系统的水放干净。

（6）下班离开搅拌机前应切断电源，并将开关箱锁好。

### 7.混凝土悬空作业注意事项

（1）混凝土浇筑时的悬空作业，必须遵守下列规定：浇筑离地2m以上独立柱、框架、过梁、雨篷和小平台时，不得直接站在模板或支撑件上操作。

（2）特殊情况下，如无可靠的安全设施，必须系好安全带、扣好保险钩，并架设安全网。

# 四、混凝土的基础知识

**1．水泥的型号和特性**

（1）水泥是当代最重要的建筑材料，最常用的是通用硅酸盐类水泥，其强度等级分为 32.5、42.5、52.5、62.5 级；现在 32.5 级水泥相当于 1990 年代 425 号水泥，以此类推。水泥等级数字越大，其强度越高，凝结的时间越快，也就更适合高强度等级的混凝土使用。

（2）水泥凝结时间分为初凝和终凝：初凝是加水的水泥形成浆体，终凝是指水泥产生强度的时间。

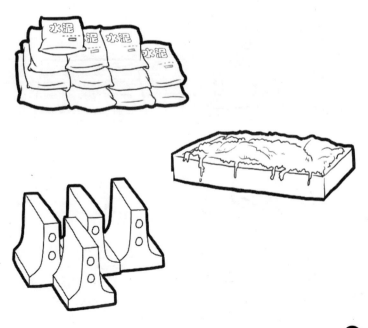

**2.混凝土外加剂的种类**

常用的外加剂有:减水剂、早强剂、引气剂、缓凝剂、防冻剂。

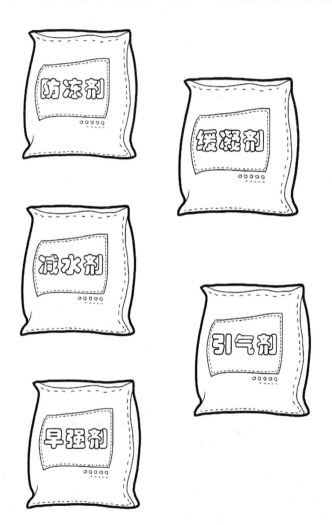

3. 严禁使用过期（水泥出厂日期超过3个月）或受潮结块的水泥。

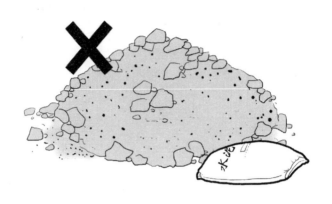

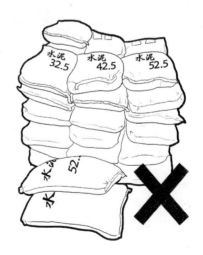

4. 不同品种、不同标号的水泥不允许使用。

**5. 砂子和石子**

混凝土用的河砂一般为中砂,石子为直径20～40mm碎石,泵送混凝土用直径5～31.5mm细石。

**6. 混凝土的分类**

主要有结构用混凝土、耐酸混凝土、耐碱混凝土、耐热混凝土、防护混凝土、道路混凝土、大坝混凝土、收缩补偿混凝土、装饰混凝土、膨胀混凝土、加气混凝土和纤维混凝土等。

**7. 混凝土的强度等级**

混凝土的强度等级按其值的大小分为C7.5、C10、C15、C20、C25、C30、C35、C40、C45、C50、C55、C60。

**8. 混凝土的配比**

（1）混凝土配合比是指混凝土中各种材料之间的比例关系,工程上通常以每配置一立方米混凝土的各种材料用量的比例表示。

（2）混凝土配合比必须准确,按重量计量,并在现场对砂、石子用水量称重计量,若计量不准,就会造成混凝土强度和耐久性达不到设计要求。称量时砂、石允许偏差为±3%,水泥、水、外加剂允许偏差为±2%。

## 9. 混凝土的水灰比

(1) 水与水泥或水与水泥加矿物掺合料总量的比值叫水灰比或水胶比，用 $W/C$ 表示。水灰比是影响混凝土和易性、强度和耐久性的主要因素。

(2) 水用得越多，混凝土强度就越低，所以在混凝土搅拌和浇筑施工时，应严格控制用水量，不允许随意往混凝土中加水。

(3) 若想改变混凝土的坍落度，应往混凝土中增加或减少与原配合比中水灰比相同的水泥浆量。

## 10. 钢筋的保护层

钢筋的混凝土保护层厚度关系到结构的承载力、耐久性、防火等性能。在浇筑混凝土时，不能用振捣棒直接振捣钢筋或踩踏顶板钢筋，以免钢筋位置偏移，破坏钢筋的混凝土保护层厚度，造成钢筋外露。

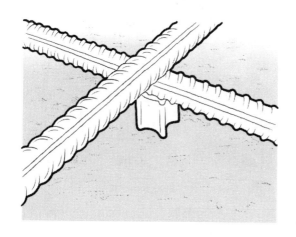

## 11.商品混凝土

商品混凝土又称预拌混凝土,是在搅拌站集中统一拌制后,用混凝土搅拌运输车运至施工现场浇筑使用的混凝土。

# 五、常用的施工机具

## 1．混凝土搅拌机

分自落式和强制式两类。

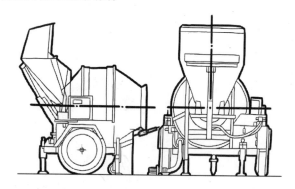

JZ250型锥形自落式搅拌机示意图

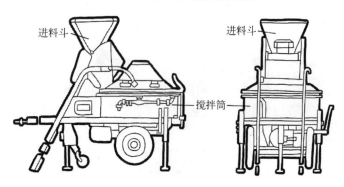

强制式搅拌机示意图

## 2. 混凝土简易搅拌站的组成

由上料装置、称量设备、搅拌系统、出料口组成。

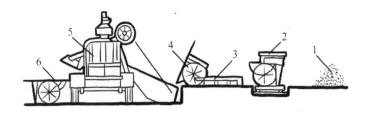

**搅拌站示意图**

1—砂石料场；2—磅秤；3—袋装水泥平台；4—砂石上料车；5—搅拌机；
6—出料小车

## 3. 混凝土搅拌运输车

具有运输过程中同时搅拌混凝土的功能。

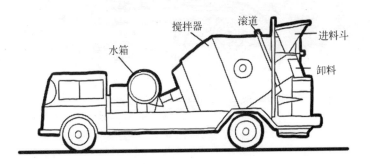

**混凝土搅拌运输车示意图**

### 4. 牵引式混凝土泵的构造
有柱塞式和挤压式两种。

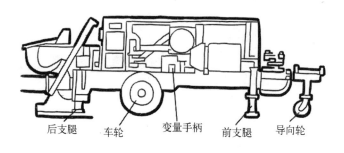

(a)

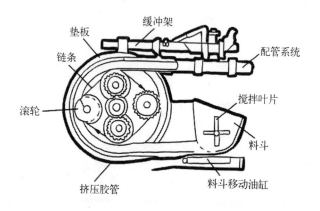

(b)

**混凝土泵示意图**
(a) HBT60柱塞式泵；(b) 转子式双轮挤压泵

## 5.混凝土泵车的构造

泵车上设有三节液压折叠布料杆。

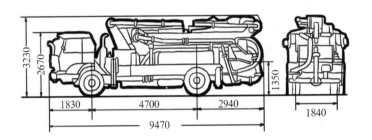

布料杆泵车示意图（尺寸：mm）

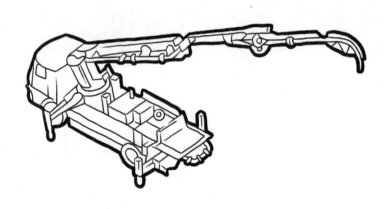

混凝土泵车臂架全伸工作示意图

## 6. 混凝土布料杆的用途

具有混凝土的输送、布料、摊铺、浇筑入模的功能。

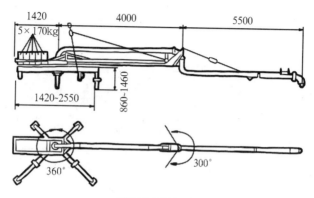

**移置式布料杆示意图**

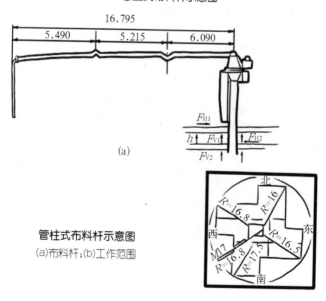

**管柱式布料杆示意图**

(a)布料杆；(b)工作范围

## 7. 混凝土振动机械的种类

分为插入式、平板式、附着式和振动台。

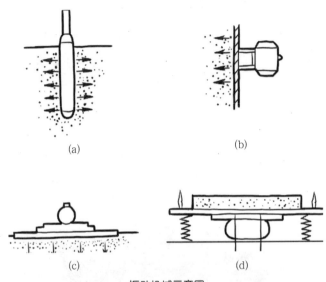

**振动机械示意图**
(a)内部振动器;(b)外部振动器;(c)表面振动器;(d)振动台

## 8. 插入式振动器的用途

用于大体积混凝土基础、柱、梁、墙等预制构件的振捣。

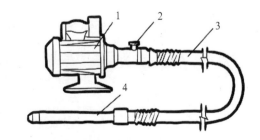

**插入式振动器示意图**
1—电动机;2—防逆装置;3—软轴管组件;4—振动棒

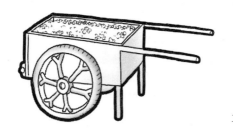

手推车示意图

**9. 混凝土的运输机具**

包括手推车、机动翻斗车、自卸汽车。

机动翻斗车示意图

自卸汽车示意图

10. 冬期拌制混凝土，当沙石骨料不加热时，水可加热到100℃，但水泥不应与80℃以上的水直接接触。

11. 混凝土拌合物的出机温度不宜低于10℃，入模温度不低于5℃。

12. 混凝土输送管的固定，不得直接支撑在钢筋、模板及预埋件上。

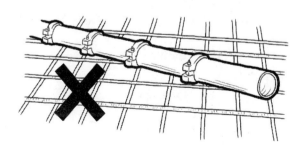

# 六、混凝土施工过程

**1. 施工前的准备工作**

（1）混凝土垫层施工前，主要检查基槽内的杂物是否清理干净。

（2）基础及主体混凝土施工前，要检查施工用脚手架，看护栏是否搭设齐全、牢固；脚手架是否有歪斜、松动的现象；操作面上是否有探头板；运输工具是否能到达各个浇筑地点。

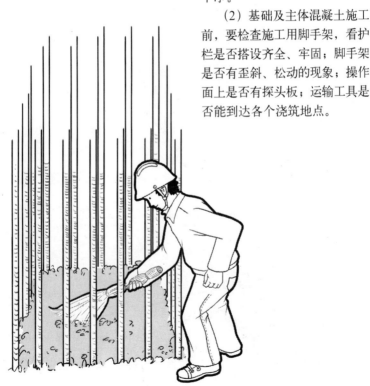

(3)检查模板内有无杂物,拼接有无孔洞,模板是否牢固;木模板应浇水湿润,但不能有积水。

(4)检查钢筋、埋件、埋管上的油污是否清理干净。

(5)检查机具设备是否运转正常。

(6)防雨、防冻遮盖材料是否准备到位。

### 2.混凝土搅拌的计量要求

拌制混凝土所需的原材料应根据配料单称量出来。

(1)砂子、石子装入手推车,经过普通台秤称量,倒入搅拌机上料斗中,允许偏差为±3%。

(2)水泥每袋50kg,拆袋后直接倒入搅拌机上料斗中;散装水泥装入手推车,经过普通台秤称量,倒入搅拌机上料斗中,允许偏差为±2%。

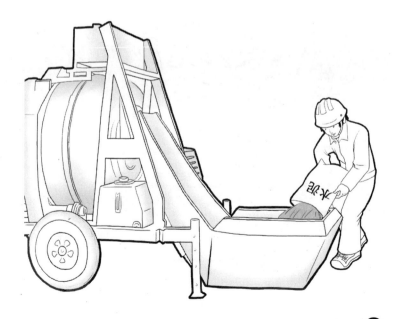

(3)外加剂用特制计量容器,按要求的重量加入,也可用小台秤按一定重量称量后,直接装入小包装袋中,每次使用一袋,允许偏差为±2%。

(4)水通过计量加水装置控制。

### 3.混凝土投料的顺序

(1)混凝土投料顺序大多数采用一次投料法,也就是在上料斗中先装入石子,再装入水泥和砂子,而后装入外加剂,然后一次投入到搅拌机中,加水搅拌。

(2)还有一种就是二次投料法,先将砂子、水泥和水加入搅拌机内搅拌,然后,加入石子搅拌成均匀的混凝土。

(3)也可以先加入水泥和水搅拌,然后,加入石子和砂子搅拌成均匀的混凝土。

一次投料法示意图

二次投料法示意图

### 4. 混凝土搅拌的要求和时间

(1) 混凝土搅拌前,搅拌机应预先加水空转几分钟,使搅拌筒内壁充分湿润,再将积水倒净。

(2) 搅拌第一盘时,考虑到筒壁上会粘一部分砂浆,石子用量应按配合比规定减少一半。

(3) 混凝土在搅拌过程中,应等搅拌筒内混凝土料出净后,再投料搅拌,不能边出料边进料。

(4) 当料斗中的料进入滚筒后,立即打开进水控制器,加水拌合。

混凝土的搅拌时间一般不应小于 1~2 分钟,搅拌时间是从全部材料投入到搅拌机筒内算起,到开始卸料为止。

### 5.混凝土的运输要点

混凝土从搅拌机中出料后,应以最少的周转次数和最短的时间,从搅拌地点运到浇筑地点;混凝土的运输分为水平运输、垂直运输和楼面运输。

(1)水平运输应根据运距的长短及现有的运输设备选用运输工具,常用的工具有手推车和机动翻斗车,长距离运输,现在一般用混凝土搅拌运输车,不管用哪种工具,在运输过程中都应保证混凝土不发生分层离析现象。

（2）垂直运输一般常用井架运输机、塔吊或泵送混凝土搅拌输送车。

（3）楼面运输采用手推车、塔吊或泵送混凝土输送车。

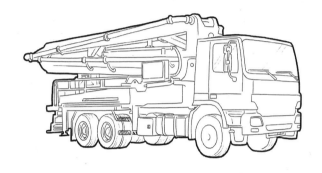

**泵送混凝土输送车示意图**

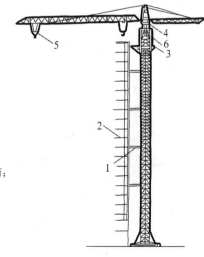

1—撑杆；2—建筑物；3—标准节；
4—操作室；5—起重小车；
6—顶升套架

**塔吊示意图**

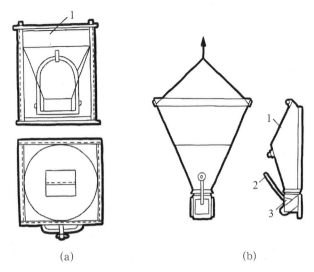

**混凝土浇筑料斗示意图**
(a) 立式料斗；(b) 卧式料斗
1—入料口；2—手柄；3—卸料口门

**6. 混凝土浇筑的方法和规定**

（1）混凝土运到浇筑地点后应立即浇筑，并应在水泥初凝前完成。如果发现混凝土坍落度过小，不好摊平或不好振捣密实时，不能在混凝土中随意加水拌合，应按水灰比增加水泥浆拌合后浇筑。

（2）浇筑的顺序一般是从最远一端开始，逆向进行，为了逐渐缩短混凝土的运输距离，也是为了避免振实后的混凝土再次受到扰动。

(3) 浇筑混凝土时,应先从低处开始,逐层进行,尽可能使混凝土顶面保持水平。

（4）采用人工投料时，应全部采用反铲下料。

**混凝土反铲下料示意图**
(a)错误；(b)正确

(5) 混凝土浇筑时，自由倾落高度不应超过 2m。若是自由倾落高度超过 2m，要用串筒、溜槽或溜管下料。采用串筒下料时，串筒的牵引绳应系在距串筒下端 2~3 节处，并使最下端 2~3 节串筒保持垂直。

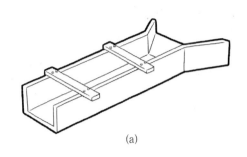

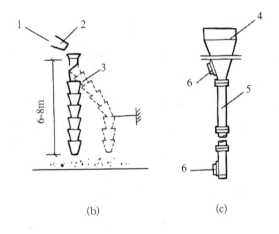

**溜槽与串筒示意图**

(a)溜槽；(b)串筒；(c)节管振动串筒
1—溜槽；2—挡板；3—串筒；4—漏斗；5—节管；6—振动器

（6）采用手推车下料时，应在模板上口安装缓冲料斗。

(a)

(b)

**手推车下料示意图**
(a)错误；(b)正确

(7) 竖向结构浇筑前,应先在底部垫50~100mm厚;与混凝土内成分相同的水泥砂浆。

(8) 柱、墙混凝土浇筑时应分段分层连续进行,浇筑高度要根据结构特点、钢筋疏密决定,一般为振捣器有效长度的1.25倍,最大不超过500mm。

(9) 在混凝土浇筑过程中,应经常观察模板、支架、钢筋、埋件、预留孔洞的情况,当发现有变形、位移时,应及时通知施工负责人处理。

### 7.振动器的操作和要点

(1) 插入式振动器

1) 使用插入式振动器时,前手应紧握在振动棒上端约50mm处以控制插入点,后手扶正软轴,前后手相距400~500mm左右,使振动棒自然沉入混凝土中,千万不能用力硬插或斜推。

2) 振动器的振捣方法有两种:一种是垂直振捣,也就是振动棒和混凝土面垂直;另一种就是斜插振捣,也就是振动棒和混凝土面成40°~45°。

(a)垂直振捣

振动方法示意图

(b)斜插振捣

**振动方法示意图**

3) 振动器的插点要排列均匀,可按"行列式"或"交错式"的次序移动。这两种方式不能同时使用,以防漏振。振动棒的移动间距不宜大于振动器作用半径的 1.2 倍(一般振动棒的作用半径为 300~400mm)。振动器距离模板不应大于作用半径的 1/2,并应避免直接用钢筋、模板传振,还要避免碰撞芯管、埋件等。

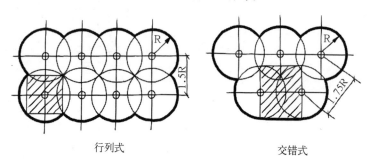

行列式　　　　　　　　交错式

4）插入式振动棒操作时，应做到"快插慢拔"。快插是为了防止表面混凝土先振实，而下面的混凝土发生分层现象，振动棒必须快速插入混凝土中；慢拔是为了使混凝土能填满振动棒抽出时形成的洞。振动棒插入混凝土后应上下抽动，以使混凝土上下振捣均匀。

5）混凝土分层浇筑时，每层混凝土厚度不应超过振动棒振动部分长度的1.25倍；在振捣上一层时，为了消除两层之间的接缝，振动棒应插入下一层50～100mm。

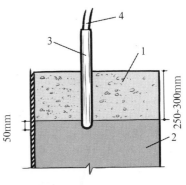

**振动器插入深度示意图**
1—新浇筑混凝土；2—下层已振捣未初凝的混凝土；3—振动棒；4—振动棒软轴

6）每个插点的振捣时间一般为20～30秒。振捣时间过短，混凝土振不实；振捣时间过长，混凝土会产生离析。混凝土振捣到表面不再明显下沉，不再出现气泡，表面泛出灰浆为止。

7）当对墙、柱混凝土振捣时（特别是钢筋较密集的暗柱和暗梁），不可将振动棒过深地插入下层，以免发生夹棒现象。当振动棒被钢筋夹住时，不可停机，硬向外拔振动棒，应使振动棒振动着向外缓缓地拉出。

8）如遇门窗洞口时，应两边同时振捣，避免将门窗洞模板挤偏。

（2）表面振动器

1）表面振动器也叫平板式振动器。平板式振动器在每一位置上应连续振动一定时间，正常情况下约为25～40秒，一般以混凝土表面均匀出现浆液为准。移动时应成排依次振动前行，前后位置和排与排之间，应保证振动器的平板覆盖已振实部分的边缘，一般重叠30～50mm，防止漏振，移动方向应与电动机转动方向一致。

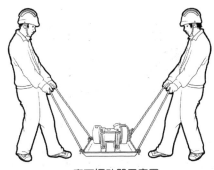

表面振动器示意图

2）平板振动器的有效作用深度，在没有钢筋或只有一层钢筋的混凝土平板中一般为200mm，在双层钢筋的平板混凝土中约为120mm。因此，混凝土厚度一般不超过振动器的有效作用深度，超过以后应用振动棒振捣。

3）大面积的混凝土楼地面，可以用两台振动器以同一方向安装在两条木杠上，通过木杠的振动使混凝土密实，但两个振动器的频率应保持一致。

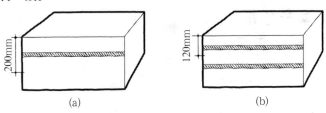

平板振动器有效作用深度示意图
(a) 一层钢筋；(b) 二层钢筋

（3）商品混凝土塌落度损失严重，无法泵送时，不允许直接向混凝土运输车或混凝土泵内加水，应加入同混凝土配合比要求的水灰比净浆。

（4）φ50振捣棒的有效长度分别是35~38.5cm，即浇筑混凝土的分层厚度应为43.75~48.13cm；而φ30振捣棒有效长度分别是27cm，则浇筑混凝土的分层厚度应为33.75cm。

（5）浇筑板混凝土的虚铺厚度应略大于板厚，用平板振捣器垂直浇筑方向来回振捣，厚板可用插入式振捣器振捣，并用铁插尺检查混凝土厚度。

（6）顶板混凝土表面压光平整、密实。

（7）为确保墙两侧高一致，用木抹子将墙根部搓平，确保周边等高。

（8）顶板浇筑时，采用4~6m长铝合金杠（或木杠）刮平，初凝时加强二次压面，对墙柱边用刮杠重点找平（防止烂根）。

(9）梁柱节点钢筋较密时，宜用小粒径石子同强度的混凝土浇筑，并用小直径振捣棒振捣。

**8. 混凝土的浇水养护**

（1）对于一般混凝土，应在浇筑后12小时内，立即用塑料薄膜或草帘、麻袋等将混凝土表面覆盖，并经常浇水湿润。炎热的夏天，养护时间应在浇筑后2～3小时内进行。

草帘覆盖混凝土表面并浇水湿润示意图

（2）浇水次数以始终能保持混凝土处于湿润状态。在一般气候条件下，在浇筑后最初的 3 天内，每两个小时浇一次水，夜间至少浇两次水。在以后的养护期内，每昼夜至少浇水 4 次。

（3）在干燥的气候条件下，可以适当地增加浇水次数，浇水养护时间一般不少于 7 天；有抗渗要求的混凝土养护时间不少于 14 天。

用塑料膜包裹混凝土柱示意图

### 9. 混凝土的喷膜养护

（1）对筒仓、烟囱等高耸构筑物和大面积混凝土墙壁等不便遮盖养护的混凝土，可以用混凝土养护液在需养护的混凝土表面喷洒或涂刷养护。

（2）喷洒或涂刷混凝土养护液的时间，一般要等到混凝土收水后，混凝土表面用手指轻按没有指印时，就可喷涂养护。

混凝土养护液喷洒混凝土柱示意图

混凝土表面用手轻按示意图

### 10. 混凝土的太阳能养护

混凝土浇筑后，在表面直接覆盖一层黑色塑料布，上面再盖一层透明塑料薄膜，四周用砂子或泥土压实。

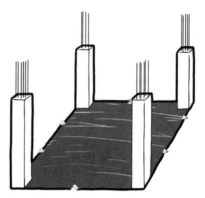

### 11. 混凝土表面抹浆修补

（1）对于数量不多的小蜂窝、麻面、露筋、露石的混凝土表面，可以用1:2或1:2.5水泥砂浆抹面修整：

1）用钢丝刷或加压水清洗需修补的混凝土表面；

2）用1:2或1:2.5水泥砂浆抹面修整；

3）用水湿润养护。

（2）混凝土表面出现的较大、较深的裂缝的处理：

1）将裂缝附近的混凝土表面凿毛，或沿裂缝方向凿成深为15～20mm、宽为100～200mm的V形凹槽；

**钢丝刷清理混凝土表面示意图**

2）扫净并洒水湿润，刷水泥净浆一层；

3）用1:2或1:2.5水泥砂浆分2~3层涂抹修整，总厚度控制在10~20mm左右，并压实抹光；

4）用水湿润养护。

**12.细石混凝土填补**

（1）当蜂窝比较严重或露筋较深时，首先应将孔洞附近不密实的混凝土和突出的骨料颗粒剔凿掉，孔洞顶部应凿成斜面，避免出现死角。

（2）用水冲洗干净，保持湿润72小时。

（3）用比原混凝土强度等级高一级的细石混凝土分层捣实，混凝土的水灰比控制在0.5以内，并掺入水泥用量万分之一的铝粉。

（4）浇水湿润养护。

沿裂缝方向凿V形槽示意图

# 七、混凝土基础及有关施工技术

**1. 混凝土独立基础的浇筑**

(1) 不论是台阶形或台体形基础,都不得在基础混凝土浇筑过程中留施工缝。

(2) 混凝土入模应从基础中心进入模板。

(3) 用振动棒振捣混凝土时,布点应按梅花形或方格形,点距应控制在两振动点中间能出浆。

(4) 振动中不能碰钢筋和模板,不能漏振。

(5) 浇筑完成一台阶后,应用木板在下一台阶面上封顶并加砖压稳后,再浇筑上一层混凝土。

(6) 混凝土浇筑完成后,将用水浸湿的草帘、草袋等苫盖在混凝土表面,每隔一段时间浇水一次,连续浇水7天,但不能让基础浸泡在水中。

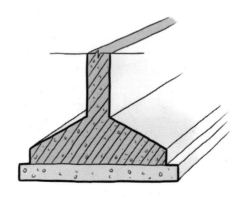

**台体形独立基础示意图**

台阶型独立基础示意图

**2.混凝土杯形基础的浇筑**

(1) 对深度在2m以内的基坑,可在基础上部铺设脚手板并放置薄钢板拌盘,把运来的混凝土倒在拌盘上,再用铁锹向模板内浇筑混凝土。下料时应采用"带浆法",即铁锹背靠着模板下料,使混凝土中的水泥浆能充满模板。当浇筑到基础表面时,则应反锹下料,即铁锹背朝上,以保证振捣时有足够的水泥浆。

(2) 对于深度大于2m的基坑,应用串筒或溜槽下料,以避免混凝土产生砂浆、石子分离现象。下料时应从边角开始向中间浇筑,每个台阶要分层浇筑,每次混凝土要一次卸足。

(3) 在浇筑上一台阶混凝土时,振动棒应插入下层混凝土至少50mm。外露台阶应留有20~30mm的高度,防止上一台阶混凝土在浇筑时,造成下一台阶过高。对于边角不易振捣密实的地方,可用插钎配合振捣。

(4)为了确保杯芯模板标高不超高,当混凝土浇筑到杯芯模板下时,才可安装杯芯模板。杯芯模板的底部标高,应比原来下降20～30mm。

(5)为了确保杯芯模板下的混凝土密实性,应在杯芯模板上开几个透气孔,先将杯底混凝土振捣密实,然后浇筑外围混凝土。

带浆法下料示意图

反锹下料示意图

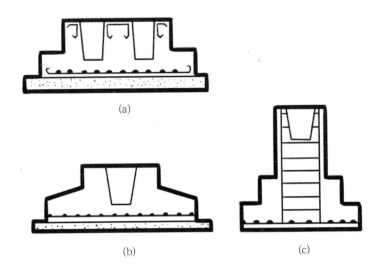

**杯形基础示意图**
(a)双杯口基础;(b)锥式杯口基础;(c)高杯口基础

### 3.混凝土条形基础的浇筑

(1) 条形基础的浇筑应分段、分层连续进行,一般不留施工缝。每段基础的浇筑长度不应超过4m,四个角上不能留作分段处。

(2) 对于基槽深在2m以内且混凝土量不大的条形基础,可在基础上部铺设脚手板并放置薄钢板拌盘,运来混凝土倒在拌盘上,再用铁锹向模板内浇筑混凝土。对于混凝土工程量大,施工场地道路条件又不太好的,也可以在基槽上铺设通道,用手推车直接向基槽内卸料。

(3) 对于基槽深度在2m以上的混凝土条形基础,必须使用溜槽或串筒下料。不管使用哪种方法,投料都必须采用先边角、后中间的方法,以保证混凝土的浇筑质量。

（4）条形基础的振捣宜采用插入式振动棒，插点采用交错式为好。预留管道、预留孔洞要固定好。浇筑混凝土时，要对称下料，在振捣混凝土时，也要对称振捣，以防预留管道和预留孔洞的位移。

条形基础下料示意图

### 4.混凝土桩基础的浇筑

桩基混凝土浇筑时，应使用串筒下料，也可在基础边放置薄钢板拌盘，运来混凝土倒在拌盘上，再用铁锨向模板内浇筑混凝土。

浇筑时，应记清每个桩的混凝土的实用量，以备检查、判断是否有断桩。

## 5．混凝土大体积基础的浇筑

大体积混凝土浇筑时，除用吊车、输送泵等施工机械直接向基础模板内下料外，凡是自由倾落高度超过2m时，需用串筒或溜槽下料。

大体积混凝土浇筑一般采用三种方法：

（1）全面分层：在混凝土浇筑中从一端开始向另一端浇筑，全部浇筑完一层后再浇筑上一层，直至浇筑完。施工时一般从短边开始，沿长边浇筑，必要时也可以分成两段，从中间开始向两端或从两端开始向中间同时进行。注意：浇筑上一层混凝土时，应保证下一层混凝土还没有初凝。

（2）分段分层：这种方法适用于混凝土厚度不大，而面积或长度较大的结构。混凝土先从底层开始浇筑，浇筑一定距离后，回来浇筑第二层，如此依次向前浇筑以上各分层。

（3）斜面分层：这种方法适用于混凝土结构长度超过厚度三倍的基础。振捣工作从浇筑层的下端开始逐渐上移。

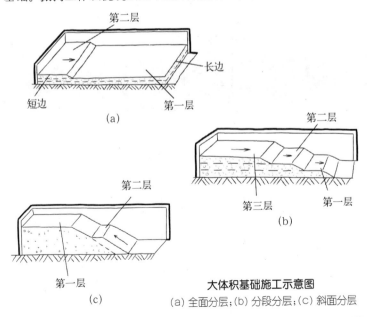

**大体积基础施工示意图**
(a) 全面分层；(b) 分段分层；(C) 斜面分层

# 八、其他施工技术

**1．混凝土柱的浇筑**

（1）当柱子高度不超过3m，柱子断面大于400mm×400mm，又没有交叉箍筋时，混凝土可以从柱子顶端直接倒入。当柱子高度超过3m时，必须分段浇筑，但每段的浇筑高度不得超过3m。

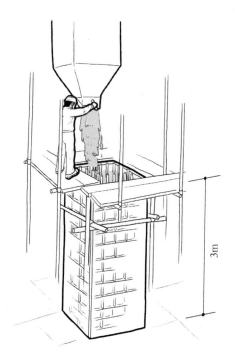

混凝土从柱顶倒入示意图

（2）柱子断面在400mm×400mm以内，或有交叉箍筋的任何断面的混凝土柱，都应该在柱子模板侧面留一个开口装上斜溜槽，分段浇筑混凝土，每段的高度不得大于2m。如果柱子的箍筋妨碍装斜溜槽，可以将箍筋一端解开向上提起，等混凝土浇筑完以后，再将箍筋重新恢复原位绑扎好，将模板留口封上（泵送混凝土不受此条限制）。

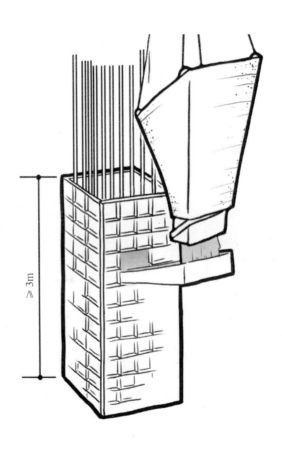

浇筑混凝土柱示意图

（3）柱子混凝土浇筑前，应先向柱子内浇50~100mm厚与混凝土内砂浆成分相同的水泥砂浆，然后再浇混凝土。

（4）柱子分层浇筑时，不可一次投料过多，以免影响浇筑质量。

柱内先浇水泥砂浆示意图

## 2. 混凝土墙的浇筑

(1) 墙体混凝土浇筑时，应遵守先边角后中部，先外部后内部的顺序，以保证外部墙体的垂直度。

(2) 高度在3m以内，且截面尺寸较大的外墙和内隔墙，可以直接从墙顶向模板内卸料。对于截面尺寸较小且钢筋较密的墙体，以及高度大于3m的任何截面墙体混凝土，都应沿墙高每2m开设一个下料口，装上斜溜槽卸料（泵送混凝土不受此条限制）。

(3) 墙壁上有门窗及工艺孔洞时，应从门窗及工艺孔洞两侧同时对称下料，以防将孔洞模板挤偏。

(4) 墙模浇筑混凝土前，应先向墙底部浇筑50~100mm厚与混凝土内砂浆成分相同的水泥砂浆，然后再分层浇筑混凝土。

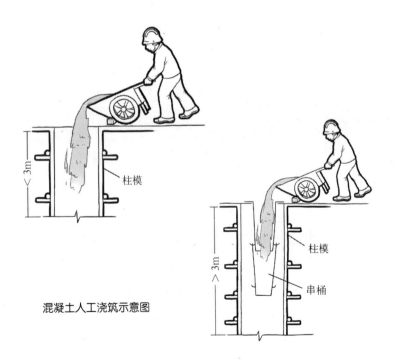

混凝土人工浇筑示意图

### 3.混凝土肋形楼板的浇筑

(1) 有主次梁的肋形楼板,混凝土的浇筑方向应顺次梁方向,主次梁同时浇筑。在保证主梁浇筑的前提下,将施工缝留置在次梁跨中 1/3 的范围内。

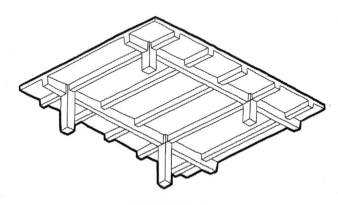

肋型楼板示意图

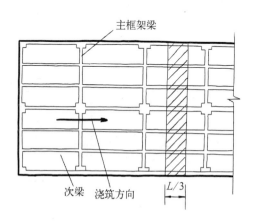

主次梁楼板施工缝位置示意图

（2）当采用塔吊或混凝土输送泵浇筑楼板混凝土时，可直接将混凝土卸在楼板上，但是不能集中将混凝土卸在楼板角或有上层构造钢筋的楼板处。楼板混凝土的虚铺高度可以比楼板厚度高出20～25mm左右。

（3）当梁高大于1m时，可先浇筑主次梁，后浇筑楼板混凝土，水平施工缝留在板底以下20～30mm处；当梁高大于400mm，小于1m时，应先浇筑梁混凝土；等梁混凝土浇到楼板底时，梁与板再一起浇筑。

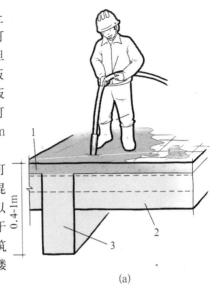

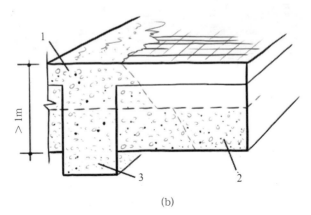

**梁分层浇筑示意图**

(a)梁高于0.4m小于1m；(b)梁高于1m

1—现浇楼板；2—次梁；3—立梁

（4）当梁钢筋较密集，采用振动棒振捣有困难时，机械振捣可与人工"赶浆法"捣固相配合，将振动棒从上部钢筋较稀疏的部位斜插入梁端振捣。

梁端振捣方法示意图

1）从梁的一端开始，先在起头约600mm处长的一小段里，铺一层大约150mm与混凝土内成分相同的水泥砂浆，然后，在砂浆上再浇筑下一层混凝土料。

2）浇筑楼板混凝土时，可采用平板振动器；当浇筑小型平板时，也可以采用人工捣实。

(5) 当柱与梁板整体现浇时，待柱子浇到梁底下20～30mm时，应暂停2小时后，再浇筑梁板混凝土。

**4.混凝土表面的修整**

混凝土浇筑完一段后，找平的操作工人利用木刮杠粗略找平，而后用木抹子精细找平。板面如果需要压光的，再用铁抹子压光。

木抹子精细找平示意图

**5.混凝土施工缝宜留置在结构受剪力较小且便于施工的部位:**

(1)柱,宜留置在基础的顶面、梁或吊车梁牛腿的下面、吊车梁的上面、无梁楼板柱帽的下面。

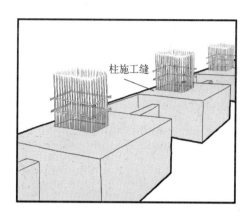

(2)与板连成整体的大截面梁,留置在板底面以下20~30mm处。

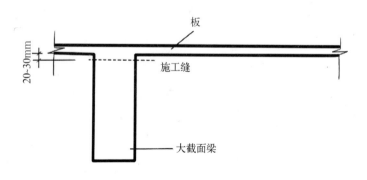

浇筑现场示意图

(3)单向板,留置在平行于板的短边的任何位置。(见78页上图)

(4)有主次梁的楼板宜顺着次梁方向浇筑,施工缝应留置在次梁跨度中间1/3范围内,也可留纵横墙的交接处。(见78页下图)

(5)墙,留置在门洞口过梁跨度中1/3范围内,也可留在纵横墙的交接处。

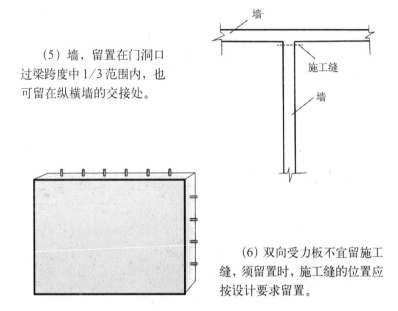

(6)双向受力板不宜留施工缝,须留置时,施工缝的位置应按设计要求留置。

(7)楼梯的施工缝应留置在楼梯段1/3的部位。

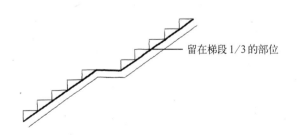

6. 抗渗混凝土底板不允许留施工缝，施工缝应留置在距底板50mm处。

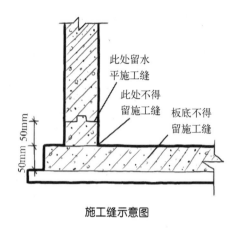

施工缝示意图

7. 施工缝应留置，不应顺坡留槎。

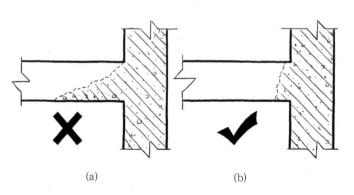

施工缝留槎示意图
(a)错误；(b)正确

### 8.混凝土悬挑构件的浇筑

(1)悬挑构件是指挑出墙、柱、圈梁及楼板以外的构件,如阳台、雨篷、屋檐、天沟、挑梁等。

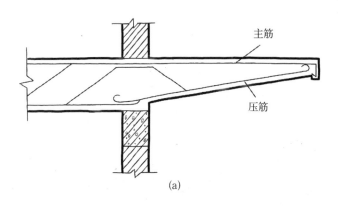

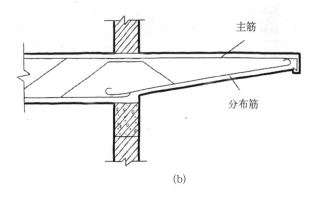

**悬挑构件配筋示意图**
(a)悬挑梁;(b)悬挑板

（2）悬挑构件的浇筑顺序：

1）悬挑构件的悬挑部分与后面的平衡构件的浇筑部分，必须同时进行，以保证悬挑构件的整体性。

2）应先浇里面，后浇外面；先梁后板，一次连续浇筑，不允许留施工缝。

3）浇筑混凝土时不应踩踏负弯矩钢筋和悬挑构件上部钢筋。

### 9. 混凝土的冬期施工

根据当地多年气温资料,当室外日平均气温连续5天稳定低于5℃时,混凝土应按冬期施工要求施工,混凝土所用骨料不能含有冰雪等冻结物。

**混凝土骨料不能含有冰雪示意图**

### 10.混凝土冬期施工的搅拌运输

(1)混凝土不宜露天搅拌,应尽量搭设暖棚,热水的温度不能超过80℃,混凝土的搅拌时间比常温规定时间延长50%。

**冬季在暖棚中搅拌混凝土示意图**

(2)经加热后的投料顺序为:先将水和砂石投入拌合,然后加入水泥,混凝土拌合物的出机温度不应低于10℃。

(3)混凝土的运输应以最短时间运到浇筑地点,用混凝土运输车运输时,运输车应做外保温;现场搅拌混凝土泵送时,对泵送管应做保温。

(4)混凝土入模温度不应低于15℃。

混凝土运输车保温示意图

11.混凝土运输采用泵送时,炎热季节应对混凝土输送管采取遮盖湿罩布或湿草袋措施,以避免阳光直射,同时每隔一段时间洒水湿润;冬期施工应对混凝土输送管采取保温材料包裹,防止馆内混凝土受冻,并保证混凝土的入模温度。

## 12.混凝土冬期施工的浇筑

(1) 混凝土浇筑前,应清除模板和钢筋上的冰雪和污垢,尽量加快混凝土的浇筑速度。当分层浇筑厚大的整体结构时,已浇筑层的混凝土温度,被上一层混凝土覆盖前不得低于2℃。

清除钢筋上冰雪示意图

（2）清除模板和钢筋上的冰雪时，千万不能用水冲洗清理，以免结冰。

冬季不能用水清洗示意图

### 13.混凝土冬期施工的人工养护方法

混凝土应随浇筑随做保温养护，可采用在混凝土表面覆盖塑料薄膜后，再覆盖草帘或其他保温材料，不能将潮湿保温材料直接覆盖在混凝土表面。

在混凝土表面覆盖塑料膜和草帘示意图

### 14.混凝土的夏季施工

夏季混凝土浇筑成型后,应及时覆盖或浇水养护,以防暴晒或受干热风影响出现裂缝。

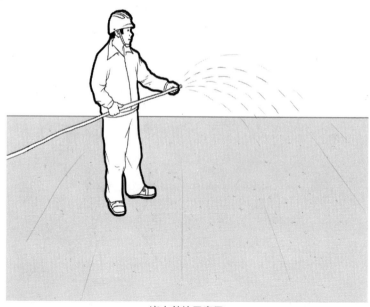

浇水养护示意图

### 15. 混凝土的雨期施工

混凝土在运输、浇筑过程中，或刚浇筑成型后，都不允许受雨淋。混凝土浇筑现场应预备防雨材料，当混凝土在浇筑过程中突然下雨，应及时覆盖好新浇筑的混凝土。

下雨时及时覆盖示意图